图书在版编目（CIP）数据

大开眼界 /（加）弗朗索瓦丝·维尔佩著；燕子译. --
北京：中国科学技术出版社，2025.5. -- ISBN 978-7
-5236-1362-7

I. Q954.53-49

中国国家版本馆 CIP 数据核字第 20255K5P53 号

著作权合同登记号：01-2025-2222

Originally published in English under the title Animal Eyes: How Creatures See and How Their Eyes Have Adapted to Their World, Chinese editions Published by agreement with Firefly Books through Gending Rights Agency (http://gending.online/). The book is written by Françoise Vulpé.
本书已由 Firefly Books Ltd. 授权中国科学技术出版社有限公司独家出版，未经出版者许可不得以任何方式抄袭、复制或节录任何部分。
版权所有，侵权必究

策划编辑	张耀方
责任编辑	张耀方
封面设计	麦莫瑞文化
正文设计	中文天地
责任校对	张晓莉
责任印制	李晓霖

出　　版	中国科学技术出版社
发　　行	中国科学技术出版社有限公司
地　　址	北京市海淀区中关村南大街 16 号
邮　　编	100081
发行电话	010-62173865
传　　真	010-62173081
网　　址	http://www.cspbooks.com.cn
开　　本	787mm×1092mm　1/12
字　　数	90 千字
印　　张	$6\frac{1}{3}$
版　　次	2025 年 5 月第 1 版
印　　次	2025 年 5 月第 1 次印刷
印　　刷	北京瑞禾彩色印刷有限公司
书　　号	ISBN 978-7-5236-1362-7 / Q·290
定　　价	78.00 元

（凡购买本社图书，如有缺页、倒页、脱页者，本社销售中心负责调换）

你能从此页中认出多少个动物？

答案：a) 家猫，b) 家犬，c) 蝴蝶，d) 跳蛛，e) 章鱼，f) 马蝇，g) 孔雀蜘蛛，h) 鳄鱼，i) 蜻蜓，j) 鹦鹉螺，k) 变色龙，l) 红眼树蛙，m) 壁虎，n) 沙蚕，o) 眼镜蛇，p) 猫头鹰，q) 澳洲墨鱼，r) 石龙子，s) 马

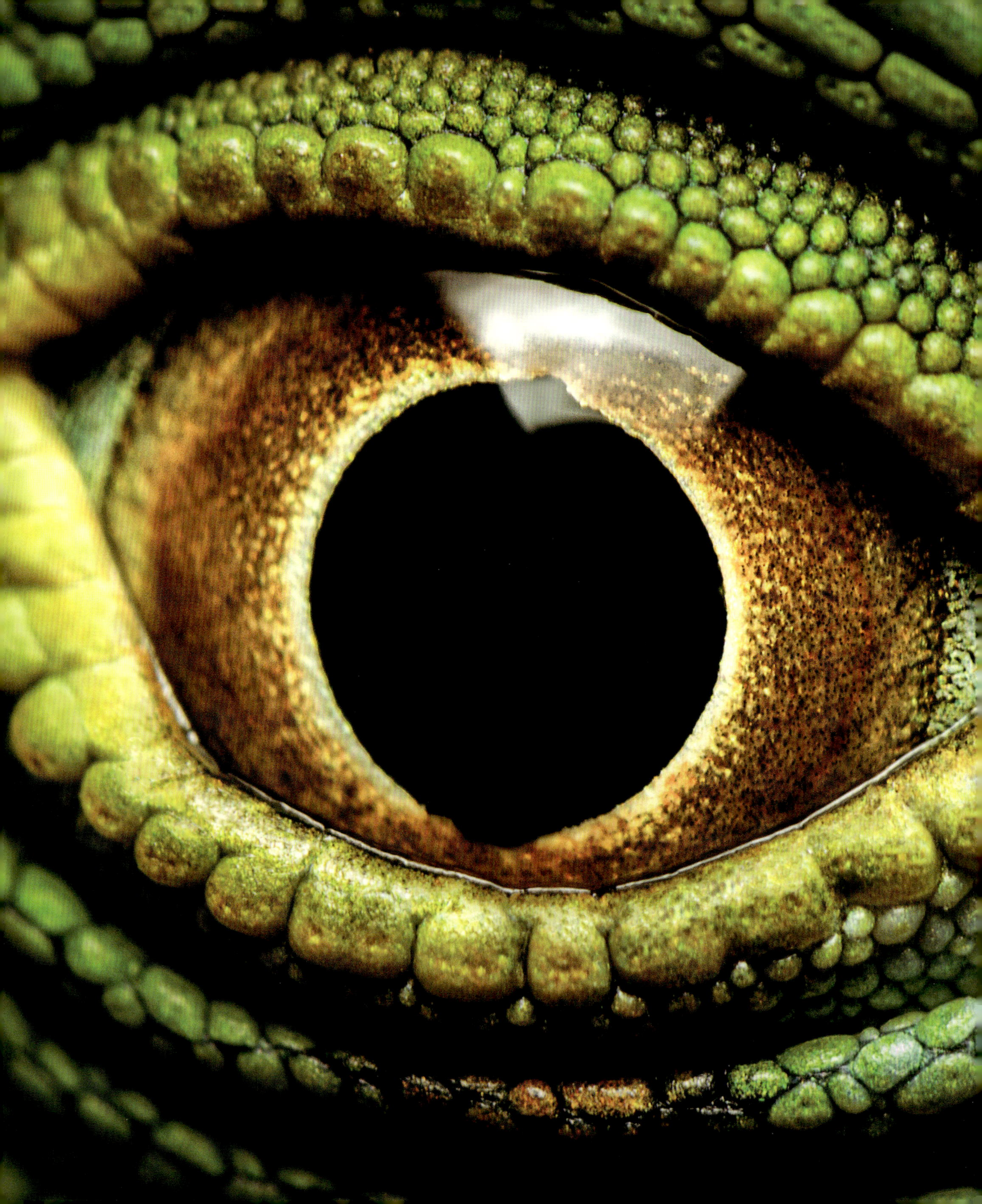

目录

第一章　动物眼睛简介	8
人眼（暗箱型眼）	10
其他类型的动物眼睛	12
电磁辐射	14
动物能看见哪些颜色？	16
视野	18
保持眼睛安全	19
第二章　无脊椎动物的眼睛	20
节肢动物（昆虫纲、蛛形纲和甲壳纲动物）	22
蜻蜓	23
蜜蜂	24
龙虾	26
君主斑蝶	27
孔雀跳蛛	28
孔雀螳螂虾	29
合掌螳螂	30
其他海洋无脊椎动物	31
立方水母	32
墨鱼	33
紫海胆	34
加勒比海绒毛石鳖	35
第三章　脊椎动物的眼睛	36
两栖纲	38
蝾螈	38
红眼树蛙	39
得克萨斯盲螈	41
鸟纲	42
秃鹰	43
仓鸮	44
鸵鸟	45
鱼纲	46
川鲽	46
四眼鱼	47
金鱼	48
锤头鲨（双髻鲨）	49
灯笼鱼	50
弹涂鱼	51
哺乳纲	52
北美驯鹿	53
家猫	54
家犬	55
长颈鹿	56
河马	57
马	58
座头鲸	59
狮子	60
北极熊	61
树懒	62
眼镜猴	63
爬行纲	64
鳄鱼	64
美洲鬣蜥	65
角蜥	66
黑豹变色龙	67
响尾蛇	68
海龟	69
词汇表	70
致谢	72
图片版权	73

对页图：美洲鬣蜥眼睛的特写镜头（参见第65页了解更多）。

7

三叶虫化石

第一章 动物眼睛简介

据估计，地球上生活着870万个物种*，这些物种包罗万象，从植物、真菌（如蘑菇）和人眼看不见的微生物，到各种大小不一的动物。人类只是动物物种之一，但与其他动物有着相同的生存需求：食物、安全的生活居所、与物种内部其他成员交流的方式、吓退或躲避捕食动物*的能力以及用来传宗接代的配偶。为完成这些任务，动物会利用身体的各种器官和机能，而对许多动物来说，它们能否取得成功，眼睛至关重要。

眼睛是什么？

眼睛是感觉器官*，它探测光线，并将其转化为可供大脑处理和识别的信号。它能够让动物观察周围的环境并与之进行互动，眼睛的作用几乎无所不能，从发现一个近在咫尺的捕食动

*书中有此标注的术语请参见第70~71页的词汇表。

暗箱型眼的进化过程

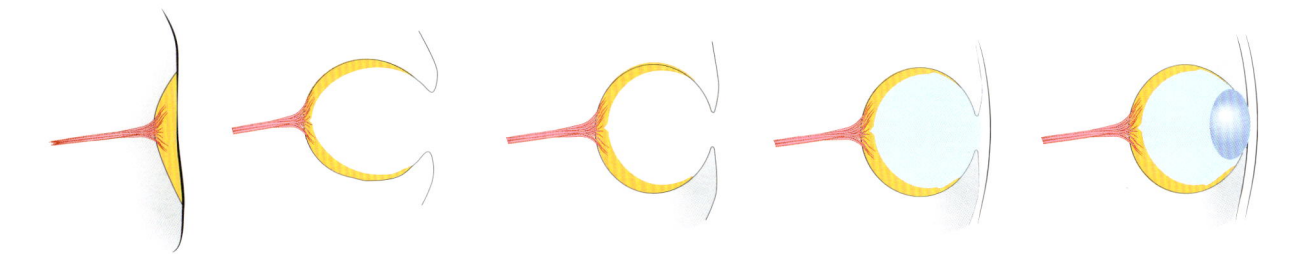

❶ 一个被称作光感受器的光觉细胞膜片；

❷ 这个膜片变成一个包含光感受器的浅杯状结构；

❸ 这个杯状结构变得越来越深，而开口却不断缩小；

❹ 一层被称作角膜的组织在杯口处形成；

❺ 一个透明的晶状体在角膜下形成。

物，到找到一顿美餐或一位心仪的伴侣。

人类的眼睛也是暗箱型眼。暗箱型眼在最初形成时差异很大，但经过数百万年的进化，变成了现在各位正用来阅读此书的复合器官。大约5.5亿年至5.4亿年前，眼睛只不过是一个被称作光感受器*的光觉细胞膜片。随着时间的推移，这个膜片状的光觉细胞变成了一个包含光感受器的浅杯状结构，这个杯状结构使动物能够确定光线和影像的方向。从那时开始，这个杯状结构变得越来越深，而开口却不断缩小，这使更细的光线能够进入这个杯状结构。这一变化意味着虽然动物看到物体的形状往往还是模糊不清，但已可以看到许多更加详细的细节。此后，一层被称作角膜的胶状物质最终在杯状结构的开口上形成，它充当一个非常简单的晶状体。最后，一个清澈的晶状体在角膜下形成。角膜和晶状体使进入眼睛的光线发生折射*，并将其聚焦到可形成图像的视网膜上。

已知最早拥有复合眼（complex eyes）的动物非三叶虫莫属，它是一种已灭绝的海洋节肢动物。通常所说的寒武纪（Cambrian，发生在5.42亿至4.854亿年前）是三叶虫繁衍发展的鼎盛时期，之后它们又继续进化了数百万年，直到2.5亿年前灭绝。人们认为，三叶虫进化出了与现代蜜蜂相似的复眼*。复眼与人类眼睛的进化路径不同，它们有许多能够独立发挥作用的小视觉单元。为适应水生环境，三叶虫的眼睛进化出了许多眼睛适应机能（eye adaptations），并助力引发了被称作"寒武纪大爆发"（Cambrian Explosion）的事件。

对页图：这颗化石源自泥盆纪（Devonian，4.19亿年至3.59亿年以前）时期三叶虫的一个物种。

寒武纪大爆发

寒武纪是地球生命进化史上发生事件最多，也最重要的时期。那时，许多现代动物的祖先们第一次出现。经过数百万年后，那些拥有能够提高生存能力的功能组织的动物得以存活，而没有此功能组织的动物则走向灭绝。在这些功能组织中，眼睛被证明是非常重要的。动物的每种进化优势都会传递给后代。

人眼（暗箱型眼）

为了理解其他动物眼睛的工作原理，本书将从人眼的工作原理开始介绍。人眼属于暗箱型眼（camera eye），这是因为它与照相机暗箱的工作原理相似。光线从一个孔洞进入并到达人类用来聚焦的晶状体上，视网膜捕获所形成的图像，这同照相机的胶片一样。许多动物，如哺乳动物、鱼类、鸟类和某些无脊椎动物*等，都有某种形式的暗箱型眼。但正如各位将要看到的，动物们还有其他类型的眼睛，而这些眼睛的工作原理与暗箱型眼大相径庭。

以下是构成人眼的不同部分以及使人能看见物体的工作原理：

① **巩膜** 白色的巩膜是坚硬的保护层，它包裹着从角膜到视神经的整个眼球。

② **角膜** 角膜是眼睛透明、凸面*的前外层。当光线经过瞳孔时，角膜使光线发生折射。

③ **瞳孔** 瞳孔是位于虹膜中心的孔洞，光线由此处进入眼内。瞳孔看起来是黑色的，因为眼睛的内部遍布黑色素。

④ **虹膜** 虹膜包裹着瞳孔，其上的肌肉可使瞳孔缩小或扩大，以此控制经过晶状体的光量值。

⑤ **晶状体** 晶状体是瞳孔后面透明且有弹性的组织。晶状体上附着的肌肉能够改变晶状体的形状，这样眼睛就可以将光线聚焦到晶状体后面的视网膜上。

⑥ **视网膜** 视网膜是位于眼睛后部的层状结构，它包含被称为光感受器的特殊光敏细胞，能将光波转化为信号并通过视神经传递给大脑。大脑对信号进行分类和解读，由此产生人们所看见的图像。人类和许多动物都有两种光感受器：视杆细胞光感受器和视锥细胞光感受器。

⑦ **视杆细胞** 视杆细胞光感受器对光亮度而非颜色敏感，并在夜晚等低亮度条件下处理视觉信号，它们还提供周边视觉（直视时眼睛在侧面看到的事物）。人类视网膜中大约有1.2亿个视杆细胞。

⑧ **视锥细胞** 脊椎动物*眼睛中的视锥细胞光感受器负责色觉。不同类型的视锥细胞通常按照其最为敏感的电磁波谱*波段进行归类（参见第14～15页，进一步了解光和色觉的知识）。视锥细胞还提供中心视觉（让人能够看清细节、形状等）和敏锐度（聚焦某个物体的能力）。各种动物的眼睛都需要敏锐度，如它们在草地中搜寻某种特定植物或锁定具体猎物时。

人眼大约有650万个视锥细胞，尽管人类能够看见大约100万种颜色，但人类的视锥细胞对红、绿和蓝色光波最为敏感。人类的视锥细胞集中在视网膜中央凹（fovea）内，它是位于眼睛后部的一个小浅窝。在人类和其他许多动物中，这一区域的视敏度*和色觉最高。

人眼解剖图

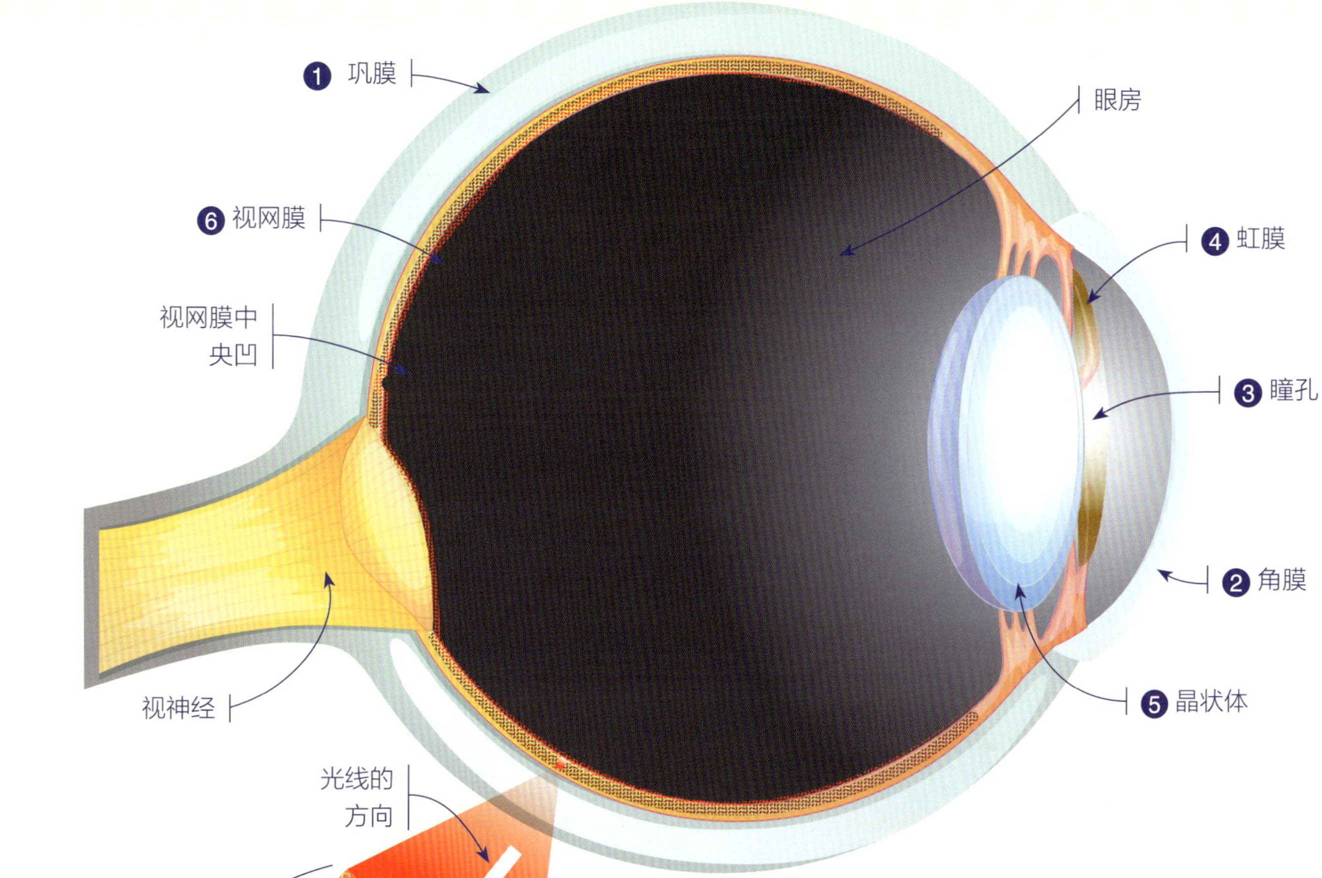

1 巩膜
眼房
6 视网膜
4 虹膜
视网膜中央凹
3 瞳孔
2 角膜
视神经
5 晶状体
光线的方向

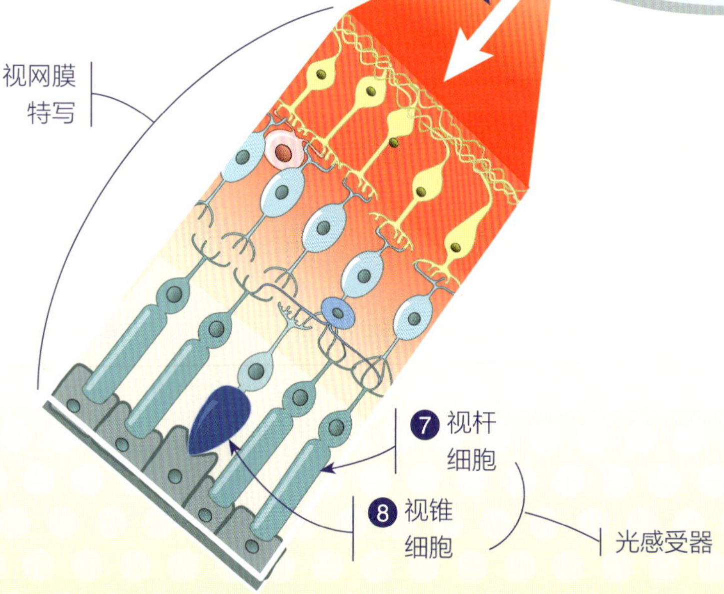

视网膜特写
7 视杆细胞
8 视锥细胞
光感受器

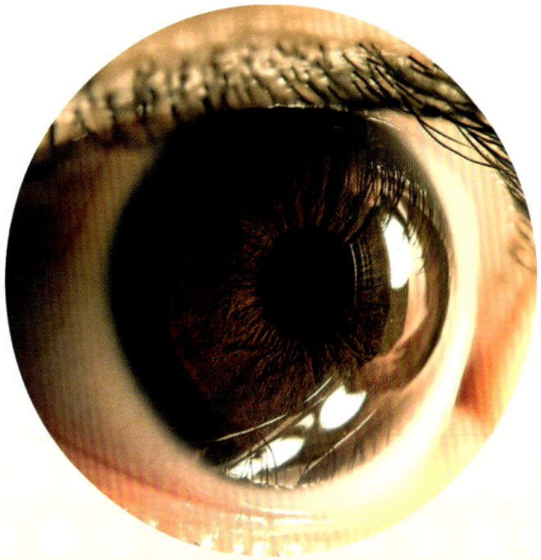

其他类型的动物眼睛

暗箱型眼是脊椎动物最为常见的眼型,但是动物,特别是无脊椎动物,进化出了感知外部环境的其他各种视觉方式。

眼点

眼点*(eyespots)有时也被称作眼斑(ocelli),它呈现为扁平状或是带有纹孔的光敏色素斑点。眼点可以探测光线,但不能形成图像。在扁形虫、某些水母、海星身上以及某些蛞蝓和蜗牛类动物的触须上端,都能看到眼点。

蜗牛触须上的两个黑点是它的光敏眼点。

单眼

单眼*(simple eyes)只有一个晶状体、一个视网膜和一层阻挡多余光线并支撑眼睛结构的外种皮。但对单眼一词人们不能望文生义,有些单眼一点儿也不简单。许多昆虫和其他像蜘蛛这样的节肢动物,将单眼作为其初级或次级视觉系统。

大多数昆虫有被称作小单眼(ocelli,与前面提到的眼点虽然英文相同,但实则不同)的单眼,昆虫的单眼成对或成三地出现在昆虫的头部,位于其主要视觉系统(昆虫的复眼)的旁边。单眼一般用来感知光线的亮度和光线的运动,但一般不会形成图像,或仅能形成一个模糊的图像。飞行昆虫身上的单眼可起到稳定飞行和导航的作用。

上图:昆虫头上的3个单眼
下图:跳蛛有视力良好的单眼

蜘蛛以其具有多对单眼而知名，它们一般有一对主眼和多对副眼。大多数种类的蜘蛛视力不佳，但某些属于跳蛛、花蛛和狼蛛科的蜘蛛物种的主眼视力很好，其单眼有很高的视敏度，甚至还有色觉。

复眼

昆虫和其他节肢动物（如甲壳动物）有复眼。与暗箱型眼不同的是，光线通过许多被称作"小眼"*（ommatidia）的单独"眼睛"进入复眼。

每只小眼都有一个角膜，该角膜的作用如同一个晶状体和一个被称作晶锥的透明结构的组合。晶锥将光线引导至光感受细胞上。小眼连接到昆虫的大脑并组合成图像。小眼的数量决定图像的清晰度。所有小眼紧密排列在一起，形成一只球形眼，它为昆虫提供了其头部上方、下方和所有侧面的宽广视野*。

复眼会对运动产生反应，正因如此，你才总是抓不住那只正在骚扰你的苍蝇。

一只家蝇的复眼

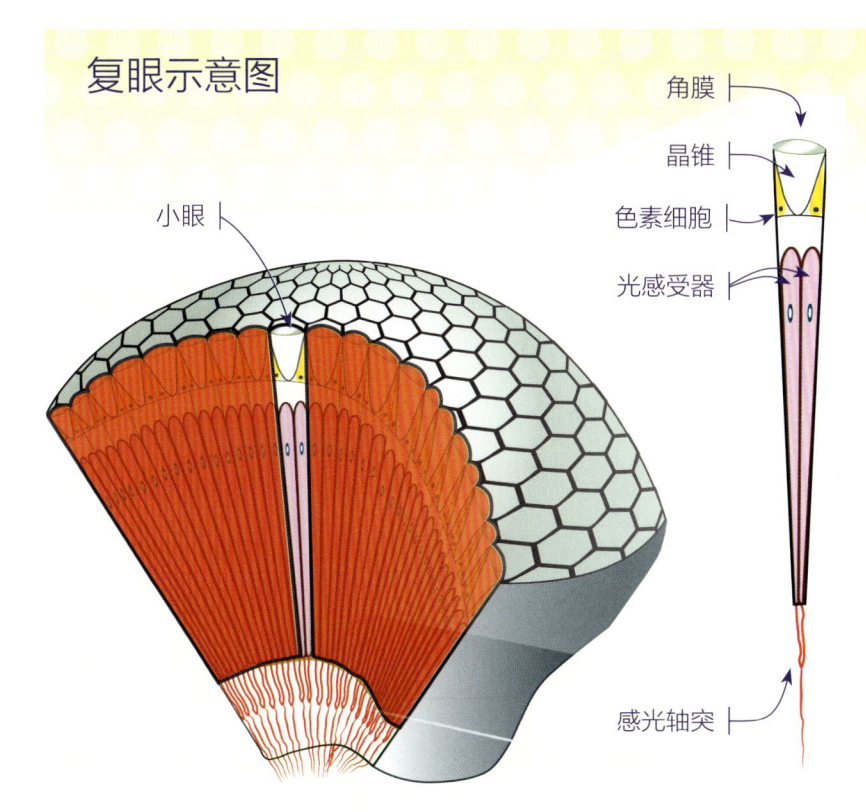

复眼示意图

小眼

角膜
晶锥
色素细胞
光感受器

感光轴突

电磁辐射

视觉依赖眼睛和大脑的功能以及光的物理性质。光的物理性质涉及电磁辐射，而电磁辐射无时不在、无处不在。电磁辐射由电能波和磁能波组成，并以光速——每秒大约30万千米/秒（18.6万英里/秒）——传播。

有些波的波动很小、振动很快（高频），并且携带较高的能量，而其他波的波动很大、振动缓慢（低频），但携带的能量较低。电磁波谱从高能量到低能量依次包括伽马射线、X射线、紫外线（UV）、可见光、红外线、微波和无线电波。

从利用电话和Wi-Fi发送文本到加热食物和观察大千世界，人类所做的每件事都依赖电磁波。

微波炉使用波长大约12厘米的电磁波加热食物。

电磁波谱图

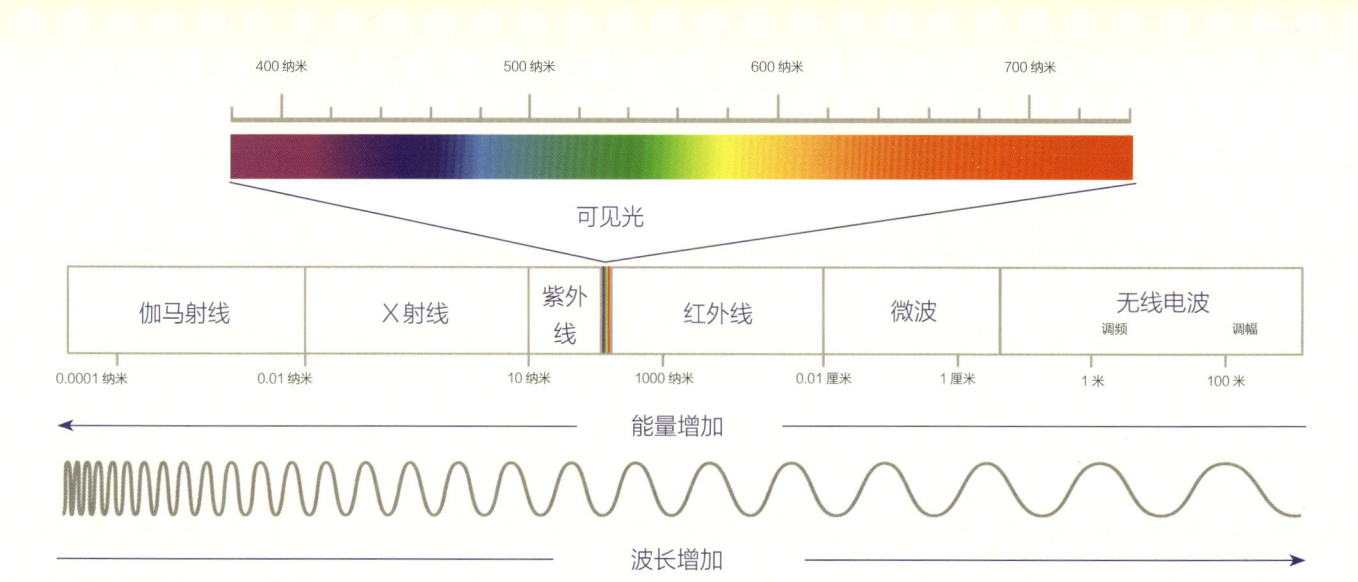

伽马射线	X射线	紫外线	红外线	微波	无线电波 调频 调幅
0.0001 纳米	0.01 纳米	10 纳米	1000 纳米　0.01 厘米	1 厘米	1 米　100 米

可见光：400 纳米　500 纳米　600 纳米　700 纳米

能量增加 →
波长增加 →

可见光与一根黄色香蕉

可见光是电磁波谱中人眼能够看见的部分波段，这是因为人眼的光感受器被调节到了这段波长上。波长决定人类所看到的颜色：在可见光波谱中，紫色的波长最短，红色的波长最长。

物体的颜色取决于电磁波与该物体的结构和内部组成之间相互作用的方式。光波可以发生折射、反射*和被吸收*，并以其他许多方式传播。一个物体，例如一根香蕉，看起来是黄色的，这是因为它吸收了除黄色光以外所有其他可见光，这样它就将黄色光反射进了人类的眼睛。假如一个物体吸收了光波，却没有任何光被反射回来。那么，我们将看到黑色，而看不见别的任何颜色。

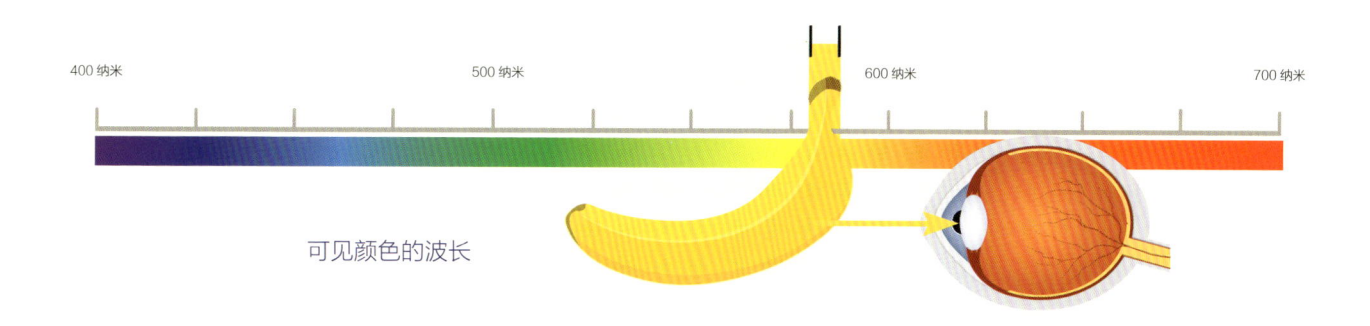

400 纳米　　　　500 纳米　　　　600 纳米　　　　700 纳米

可见颜色的波长

可见光与黄色的香蕉

15

动物能看见哪些颜色？

根据动物眼中光感受器的类型，它们可以看见不同的颜色和电磁波谱的不同波段，其中包括某些人类看不见的部分。有些动物只能看见黑、白和灰色的明暗变化，这就是所谓的单色视觉*。有许多这样的动物在夜间或黎明、黄昏时刻最为活跃。它们的眼睛已经进化得在这些时段具有最清晰的视力。

二色视觉*动物有两种颜色的光感受器，每种只对一种特定颜色敏感，不过，在二色视觉动物中存在着能将多种颜色组合的动物。同样，包括人类在内的一些三色视觉*动物有3种颜色光感受器，其他三色视觉动物还包括某些猴子以及一些类人猿的近亲——黑猩猩、倭黑猩猩、大猩猩和猩猩。

与人类一样，黑猩猩和其他类人猿都拥有三色视觉。

一些四色视觉动物有 4 种颜色光感受器，其中包括一个能接受紫外线的光感受器。紫外线是一种人类看不见的电磁辐射。许多昆虫和鸟类物种是四色视觉*动物，目前仍在不断发现更多的这类动物物种。它们凭借（甚至不用）专门光感受器，能看见一定量的紫外线。能够看见紫外线有一个巨大优势：例如，有些鸟类羽毛中的图案只有在紫外视觉（UV vision）下才能看见。蜜蜂可以看见紫外线波长，它们以此来确定某种特定花卉的位置。

　　有些动物还能够察觉红外线。这是人类仅凭肉眼看不见的，但人类可以从太阳或加热器（如烤箱）的温暖中感知红外线的存在。人类还发明了夜视镜和红外相机等工具，让我们得以看见红外线。蝮蛇、巨蟒和其他一些蟒蛇，能够用眼部附近的专门探测器感知红外线。温血动物会释放红外线，因此蛇的这些探测器，可以为它们提供温血猎物所在方向和距离方面的信息。

对页上图：人类看到的一朵蒲公英（左侧），与具有紫外视觉的昆虫可能看到的同一朵蒲公英（右侧）的对比效果。

上图：孔雀螳螂虾
下图：丽蝇蝴蝶

超越极限

　　科学家正在不断地发现越来越多拥有超过 4 种光感受器的动物，例如，孔雀螳螂虾（peacock mantis shrimp，见上图）有 16 种光感受器，而蓝瓶蝴蝶（bluebottle butterflies，见下图）有 12 种。假如人类用自身拥有的三色光感受器可以看见 100 万种颜色，那么你认为这些动物能看见多少种颜色？

视野

你的视野也被称作视域*，是指你不移动头部或眼睛就可以看见的区域。视野在不同动物物种之间差别很大，这与它们各自的眼睛在其头部的位置和眼睛本身的组织构造有关。正常人类的双眼视野能覆盖大约200°的范围，这意味着我们可以看见正前方的所有东西，而只能看见身体两侧的少量物体。这是叠加了你的双目视域（你的双眼所能看见的东西）和单目视域（只使用左眼或右眼时所能看见的东西）的结果。来，试着用自己的手遮住一只眼睛，就能知道你的单目视域有多大。

许多（并非所有）捕食动物的眼睛都朝向前方，这会缩小它们的水平视野，但却能增加双目视觉*。双目视觉对于判断深度、距离以及聚焦猎物都非常重要。对捕食动物而言，猎获下一顿餐食对其生存至关重要。

此外，许多被捕食动物*的眼睛则长在头部两侧，这样能够使其水平视野最大化。为了发现威胁所在，被捕食动物需要能够看见周围的一切。例如，兔子拥有一个几乎全视角（360°）的视野，如果它要想避免成为另一只动物的下一顿美餐，这是很有用的。

像猫这样的捕食动物，多数会有一对面向前方的眼睛。而像兔子这样的被捕食动物，则往往会有一对位于头部两侧的眼睛。

人类的视域

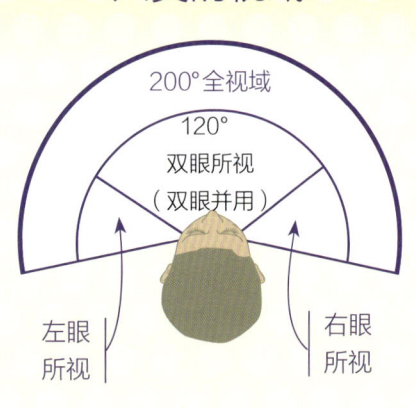

200°全视域
120° 双眼所视（双眼并用）
左眼所视　右眼所视

捕食动物的视域

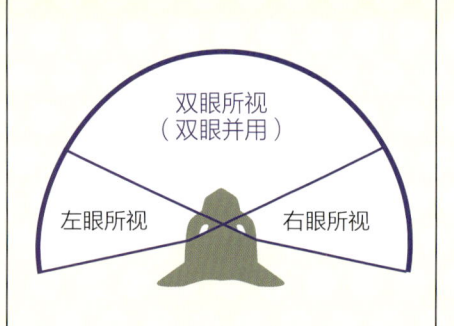

双眼所视（双眼并用）
左眼所视　右眼所视

被捕食动物的视域

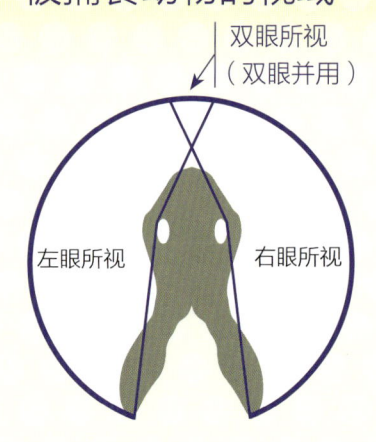

双眼所视（双眼并用）
左眼所视　右眼所视

动物视域的差异

保持眼睛安全

眼睛这种器官精巧脆弱，很容易受到损伤。眼睛一旦受到损伤，对动物来说就意味着死亡。大自然赋予了动物特殊的身体构造——有些由硬骨构成，有些由软组织构成——以保持眼睛的安全和清洁。

眼眶：也称作眼窝，是颅骨中容纳和保护眼睛的骨腔。

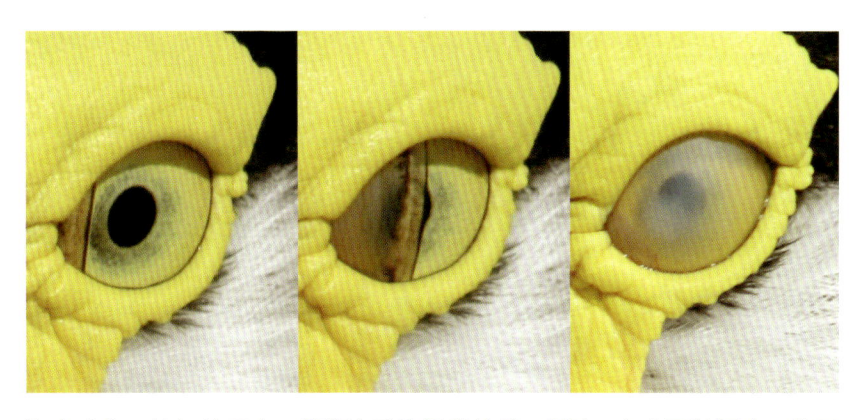

许多动物，比如这只鸟，眼部有称为瞬膜的第三眼睑。在上面的图中，你可以看到它横移并覆盖了鸟的眼睛。

眉嵴：它是眼眶上方的骨嵴，帮助保护双眼。鹰和雕等捕食鸟类拥有巨大的眉嵴，当它们在灌木丛中或树枝间追逐猎物时，这样的眉嵴能够保护它们的眼睛免受伤害。眉嵴还能为眼睛提供遮蔽，挡住刺眼的阳光。

泪腺：所有陆生哺乳动物都有这些腺体，它们分泌一种由水、蛋白质和其他物质构成的液体。眼泪帮助保持眼睛湿润并清除眼中的灰尘或其他异物。

眼睑：眼睑是多层皮襞，它们保护眼睛免受细小颗粒的伤害、防止眼睛干涩并遮挡光线，以方便动物休息或睡觉。有些动物有第三眼睑，称作瞬膜*，可以在眼睛内横向伸缩（见上方连续拍摄的照片）。它是一层半透明的膜，可以遮盖、湿润并保护眼睛远离物体和伤害，同时还使动物能够看见周围环境。在水下，它还能充当第二晶状体——想象一下游泳镜。

睫毛：睫毛充当阻挡微粒的屏障，它们也在某个物体离眼睛太近时发出感官上的警告，正如胡须之于猫。科学家发现，许多动物睫毛的长度是其眼睛宽度的三分之一。1∶3的比率是改变气流方向并帮助保持眼睛湿润的理想长度。

大象的长睫毛能保护它的眼睛免受吹起的灰尘、沙子和碎屑的侵扰。

第二章 无脊椎动物的眼睛

无脊椎动物是没有脊柱（即脊椎）的动物。地球上大多数动物物种都是无脊椎动物，如海绵、水母、珊瑚、海胆、章鱼、蠕虫、昆虫、蜘蛛和甲壳类动物，等等。从涡虫（一种扁虫）的单个眼点到孔雀螳螂虾（有16种光感受器，能够看见紫外线）的多个眼睛，无脊椎动物的眼睛在形态和功能上差别巨大。本章重点介绍这一差异巨大的动物种群中一些最令人着迷的眼睛。

马蝇眼睛的特写镜头。每个六边形都是一个单独的小眼。

无脊椎动物的眼睛

节肢动物（昆虫纲、蛛形纲和甲壳纲动物）

节肢动物*是身体分段、附肢分节的无脊椎动物。这一动物种群包括昆虫纲*、蛛形纲动物（如蜘蛛、螨虫、壁虱和蝎子类）和甲壳纲动物（如蟹、虾、龙虾和藤壶类）。

几乎所有昆虫纲和大多数甲壳纲动物都拥有复眼，它们中的许多能看见人类看不见的电磁波谱波段。几乎所有蛛形纲动物只有单眼，看起物体来十分模糊。不过，孔雀跳蛛是一个例外，它具有很高的视敏度，并且能够感知深度（或距离）。

这只蓝色豆娘看起来好像正盯着你，但它或许并没有。它眼中的暗区被称作伪瞳（参见第30页）。

蜻蜓

蜻蜓巨大复眼中的小眼数量比任何其他物种都要多——足有 3 万个。凭借如此多的晶体，每只小眼连同周围小眼获取的图像会形成一个格外清晰、色彩鲜艳的全景图像。蜻蜓的眼睛还可以探测到紫外线。

蜻蜓有全环形（360°）视野，而且还能看见头顶上方的物体。其头顶上的 3 只单眼可以探知运动和光线，但不能探知图像。与其他飞行昆虫一样，它们的单眼很可能与保持飞行稳定性有关。凭借超凡的视力、迅捷的飞行速度和难以置信的机动性，蜻蜓捕捉猎物（主要是蠓与蚊子，但偶尔也有蝴蝶与小蜻蜓）的成功率高达 95%。在所有捕食动物中，蜻蜓捕猎的成功率最高。

蜜蜂

蜜蜂有 5 只眼：一对大复眼和头顶上 3 只单眼。蜜蜂有 300° 水平视野，这意味着它们可以看见环绕自己周围的各个方向。此外，它们的眼睛有非常出色的视敏度和对运动的高灵敏度，还有可以探测紫外线的三色视觉。除了令人惊叹的眼睛外，蜜蜂还有帮助它们导航并发现花蜜与花粉的其他超级感知系统。它们的身体中有一个"磁罗盘"，这意味着它们可以感知地球的磁场。它们头顶上还长有长长的触须，可以品尝、嗅探、听辨并感知电场。

视觉与共生

共生关系（symbiotic relationship）是不同生物之间相互依存、互利互惠的一种关系。大量植物——包括野花、果树和其他粮食作物，都需要动物帮助它们完成授粉和繁殖。作为回报，动物们则可以得到一份美味的花蜜、花粉、果实或种子作为奖赏。蜜蜂、蝴蝶和许多鸟类都与植物建立了多种共生关系，而且这些共生关系因上述动物的超凡视力得以加强。

蜜蜂、蝴蝶和鸟类一般具有良好的色觉，它们中有许多可以看见紫外线。当具备紫外线视觉的动物看一朵花时，它可以看见人类看不到的部分颜色，这部分颜色显示在哪里可以找到花粉和花蜜。花的中心或许会有"靶心"（bull's eye），即每一个单独包裹花粉的花药可能像圣诞节彩灯一样闪闪发光。当昆虫或鸟在花中觅食时，一些花粉就粘在了它们的身体上。在这些小动物"造访"下一朵花株时，它们身上的部分花粉就会抖落到这朵"新"花上，假如这两个植物同属一个物种，授粉就发生了。

这是一个共生关系的完美例子。你能想出其他例子吗？

龙虾

龙虾生活在海底，那里黑暗阴沉。它们无法通过复眼获取清晰的图像，因此只好利用触须来"嗅探"有可能是鱼类、螃蟹和海胆等猎物的化学物质。然而，它们的眼睛在感知物体运动方面非常出色。不同于依靠折射光的人类视觉，龙虾的复眼利用的是反射光。一只龙虾的眼睛中有多达1万根方形管，每根方形管都内衬一个反射面，这些方形管的反射面将进入其中的光线引导至视网膜上。因此，它们的眼睛对暗光十分敏感，这对在非常黑暗环境中的生存很有帮助。天文学家认为，龙虾眼的镜面反射模式可以启发人类，帮助人类开发出探测银河系外太空的技术。

君主斑蝶

　　成年君主斑蝶的每只复眼中大约有6000只小眼，而它们在幼虫时只有12个眼点（ocelli），仅能探知明暗，几乎看不到其他任何东西，真是此一时、彼一时。成年君主斑蝶的眼睛在感知运动方面非常出色，并且能够看见全色和紫外线。它们超凡的眼睛以及大脑和触须中许多其他方面的物理特性，赋予了君主斑蝶一种非凡的能力，使其能够完成地球上最不同寻常的迁徙之一。

　　在秋季，生活在北美地区北部的成年君主斑蝶要完成令人难以置信的4000多千米的飞行旅程，到达墨西哥中部的越冬地。春天来临，同一群蝴蝶开始交配产卵，当这些卵化茧成蝶，新一代蝴蝶便开启了向北的旅途。每一代新孵化的君主斑蝶仅仅能存活2～6周时间，然而每一代新蝶都会继续向北，直至它们接续飞行并抵达其迁徙范围的最北端。当夏末到来，缩短的白昼和凉爽的气温会使雌性君主斑蝶产下一种特殊的卵。由于这种特殊的卵缺失一种诱发衰老的激素，所以会孵化出"超级一代"君主斑蝶，它们比之前各代的寿命长8倍，飞行距离远10倍。当这些特殊的君主斑蝶飞回其在墨西哥的过冬地时，这场迁徙循环便就此完成。

　　然而，一只出生于北美北部的君王斑蝶如何知道一路南下，抵达一个它从未去过的地方？为了完成飞往墨西哥的长途旅行，君主斑蝶在飞行时，一是依靠观测太阳的水平位置，二是依靠其体内引导它们一直向南的"磁罗盘"。

向墨西哥迁徙的君主斑蝶

孔雀跳蛛

尽管眼睛数量不少，但大多数蜘蛛的视敏度都很差，孔雀跳蛛却是个例外。这种蜘蛛有两只主前视单眼和沿头部两侧及后部生长的6只单眼，这6只单眼的作用是告诉主眼向何处聚焦、发现运动目标以及扩展周边视野。

孔雀跳蛛的两只前视眼有很高的视敏度，并且具备基本的深度知觉[*]。与其他大多数蜘蛛一样，这种跳蛛的眼睛对紫外线和绿光敏感，但其中央视觉还有一个X形状的全色视觉视网膜，使它可以更好地察觉猎物，而对雌性跳蛛来说，还能用来欣赏雄性跳蛛跳求偶舞时所展现的艳丽色彩。

这种跳蛛眼睛的外部晶状体不能弯曲，也没有能调节光线的虹膜——那么它的眼睛如何聚焦呢？它的主眼是几根柔性的管子，在靠近视网膜处有一个可以聚焦和变焦的第二晶状体，很像一部望远镜。因为要经常伏击猎物，因此敏锐的视力非常重要。作为猎手，这种跳蛛的成功还仰仗其出色的弹跳能力——它纵身一跳的距离是其身长的20倍。

孔雀跳蛛的求偶舞

孔雀螳螂虾

孔雀螳螂虾是一种食肉甲壳纲动物。严格地说，它既不是螳螂也不是虾，而是自然界的一个奇特存在。如果你上网搜寻"视力最好的动物"，这种螳螂虾一定会位居前列。它那位于眼柄顶端的可旋转复眼和16种光感受器，一直让科研人员忙个不停，因为他们想弄清楚这种动物是如何利用这些特殊功能的。对于螳螂虾的视觉，还有许多方面值得科学家去探索。目前，人类已知它们可以感知紫外线，而且每只眼都能独立地感知深度。非常令人不解的是，研究人员发现，尽管螳螂虾拥有的各种不同光感受器超过人类的5倍，但它们在辨别某些颜色上仍存在困难，而人类辨别这些颜色却毫不费力。

猛击一拳

螳螂虾体长通常为5～8厘米，它们具有致命的击拳能力，其击拳速度可以快如子弹——甚至能够让其前方的水沸腾起来。一位研究人员的水族箱曾被一只螳螂虾一击而碎。螳螂虾的重拳还能打碎蜗牛的外壳。

合掌螳螂

合掌螳螂有两只复眼和以三角形方式分布在头部的3只单眼。它们的前视复眼（forward-facing compound eyes）是一个绝佳的猎物跟踪器，能在捕捉苍蝇时准确判断出合适的距离。它们的眼睛还有一个有趣的独特之处——伪瞳，它能让人觉得无论往哪里走，这双眼睛都在注视着你。

合掌螳螂眼睛上的一对伪瞳看起来像一对小黑点，给人以正盯着你看的错觉。这其实只是一个光学把戏。合掌螳螂的复眼由数千只小眼构成，角度正对你的那些小眼看起来是黑的，因为在这个方向上没有反射的光线，而两侧的小眼却在反射光线，因而其颜色看上去是单一的。当你担心一只合掌螳螂正在注视着你，并把你当作它下一顿美餐时，其实它真正注视的可能是落在其攻击范围之内的一只苍蝇。

其他海洋无脊椎动物

海洋无脊椎动物，如前文已经谈到过的甲壳纲动物，具有十分广泛的视觉技能，使得它们能够在水中栖息地茁壮生长。在一种被称作软体动物的无脊椎动物门*中，它们的眼睛类型从简单的杯形眼（cup eye）到章鱼、乌贼或墨鱼的暗箱型眼，有近12种。

与其他许多头足纲动物一样，章鱼长有与人类眼睛非常相似的暗箱型眼。令人惊讶的是，我们的共同祖先生活在大约5亿年前——也就是说人类与某些头足纲动物各自进化出了相似的眼睛。

立方水母

立方水母是刺胞动物门成员，它们因如同盒子一样的外形而得名，有些物种能够通过身上的螫刺释放出强大而致命的毒素（毒药），令人胆战心惊。这些动物引人着迷的视觉系统也得到公认，即使它们没有标准意义上的大脑，这样的视觉系统也使其能够在海岸浅水环境中捕食和安全穿行。

立方水母有 24 只眼，可分为 4 种类型。其中两种类型是捕捉光线的眼点，其他两种类型——即通常所说的上晶状体眼（upper lens eye）和下晶状体眼（lower lens eye）——可以形成图像并具有与脊椎动物眼睛相似的组织构造，如晶状体、虹膜和视网膜等。上晶状体眼的朝向始终向上（即使当这种水母翻转游动时），它能够让立方水母确定方位，这样就不会离开其熟悉的环境过远。下晶状体眼与脊椎动物的眼睛一样，有一个可伸缩的虹膜，它的作用是帮助立方水母避开大大小小的障碍。

上晶状体眼与下晶状体眼特写图片

墨鱼

　　墨鱼是章鱼和鱿鱼的近亲，通常在浅海中生活。它们拥有与脊椎动物相似的暗箱型眼，角膜、虹膜、晶状体和视网膜一应俱全。当处于光线充足的环境中时，墨鱼的瞳孔会呈现出独一无二的W形，但在较暗的水体中则会变成圆形。W形眼能够使墨鱼降低在海底看见的光量值，从而有助于它们发现隐藏的猎物。

　　与它们的近亲章鱼和鱿鱼一样，墨鱼仅有一种光感受器，这意味着它们或许看不见颜色。一些研究人员认为，它们形状奇特的瞳孔也许能使它们察觉到颜色，并模仿所处背景的颜色以进行伪装。光线从许多不同方向进入墨鱼W形瞳孔中，这时墨鱼可能通过改变眼球的径深，快速聚焦或模糊其视线，并同时移动瞳孔，从而将特定波长的光线聚焦到视网膜上。

紫海胆

　　紫海胆是棘皮动物门中一位圆形且多刺的成员，该门还包括海星、海蛇尾和沙钱。紫海胆没有眼睛，但令人惊奇的是，它们能够在自己的栖息地畅游无阻。它们能做到这一点，靠的是一种叫作管足的特殊构造。管足覆盖了它们的全身。人们发现，在其管足的底部与众不同的紫刺状突起之间，存在许多光敏细胞，它们在海胆的周身能够起到复眼的作用。按照人类的标准，紫海胆的"视力"并不算好，但却足以对潜在的威胁（譬如在其头顶上方游动的捕食动物）作出反应，并引导它自己逃往安全之处。

　　管足还具有其他功能。位于紫色海胆底部的管足能使其沿着海底移动，还能利用它将自己贴附在各种物体的表面上、翻转身体（当它处于正面朝下的状态的），以及进行自我清洁。

加勒比海绒毛石鳖

加勒比海绒毛石鳖是一种海洋生物，主要栖息在潮间带的岩石上。潮间带是高潮线与低潮线之间的区域，是海洋与陆地的交汇带。它们分布在西大西洋热带海域，因其能与所处的岩石海岸环境完美地融为一体，因而很难被发现。

在它们8片交错叠置的鳞片上，数百只小眼（或眼点）星罗棋布，每只都带有大量光感受细胞和一个由霰石——一种与其鳞片成分相同的物质——构成的晶体。并非所有的石鳖物种都有眼睛，但长有眼睛的石鳖的确具有一些优势。利用矿物基质的眼睛（mineral-based eyes），它们能够提防多种捕食动物，且丝毫不会影响自己的防护铠甲。研究加勒比海绒毛石鳖的科研人员认为，这种动物或许还有立体视觉，并且能够用眼睛形成图像。如果一只加勒比海绒毛石鳖认为自己发现了一个捕食者时，它就会使劲将自己按压在所处物体的表面，以此进行防御。

第三章 脊椎动物的眼睛

脊椎动物是有一根脊柱或脊椎的动物，它们包含在脊索动物门中。这一动物种群被分为5个纲：两栖动物纲、鸟纲、鱼纲、哺乳纲和爬行纲。脊椎动物的眼睛构造非常复杂，每个成员都有一只暗箱型眼，眼中有角膜、晶状体和带有光感受细胞的视网膜。尽管基本组成部分或许相同，但脊椎动物的眼睛在形状和功能上差别巨大。有些脊椎动物的眼睛能够看见人眼所看不见的电磁波谱波段；有的还有全环形（360°）视域，使它们能够发现附近几乎任何方向上的捕食动物；为保护自己，有的甚至还能从眼眶中喷射血液。本章主要讲述地球上一些最有趣的脊椎动物的眼睛。

一只黑豹变色龙令人震撼的眼睛（参见第67页）。

脊椎动物的眼睛

两栖纲

两栖动物——包括蛙、蟾蜍和蝾螈目动物，它们既可在水中生活，又可在陆地生活。它们既能用肺呼吸，也能用皮肤呼吸，但它们的皮肤必须保持湿润，这样才能吸收氧气。两栖动物的眼睛通常位于它们的头顶，这样，即使它们身处水中，也能观察附近的捕食动物或送上门来的大餐。它们的眼睛与鱼的眼睛相似，有一个通过前后移动进行聚焦的晶状体。大多数两栖动物有两种视杆细胞光感受器和两种视锥细胞光感受器。与大多数动物不同，它们能够在非常昏暗的光线中看见颜色，有些甚至对紫外线敏感。少数两栖动物甚至可以再生身体器官和组织（包括晶状体和视网膜）。

蝾螈

蝾螈是蝾螈目动物的一种，既能生活在陆地，也能生活在水中。蝾螈以失去其四肢与尾巴后能够再生而闻名，其实它们的视觉系统同样能够再生。如果一只蝾螈的晶状体受伤，受伤的晶状体可以自我修复，而且新生的晶状体会与原有的一样精致。蛙类只能在成年之前做到这一点，而蝾螈在其一生中都能做到。科学家们已经发现，蝾螈还能够再生其视网膜。

红眼树蛙

红眼树蛙是原产于墨西哥南部和中美洲低地热带丛林中的一个物种，长有摄人心魄的眼睛，罕有其他动物的眼睛可与之匹敌。红眼树蛙是夜行*动物（在夜间活动），拥有出众的夜间视觉——非常适合捕捉昆虫和体型较小的蛙类。白天，人们会发现它们紧紧地闭上与众不同的红色眼睛，收拢起橙色的脚趾和蓝黄相间的胁腹，躲在树叶下面呼呼大睡。有些科学家认为，这些丰富的色彩是它们保护自己的一种方式。如果某个捕食动物靠近一只酣睡中的树蛙，树蛙会睁开它大大的红眼惊吓捕食者，从而为自己争取宝贵的逃跑时间。

红眼树蛙的眼睛还有一层带有明显斑纹的瞬膜（第三眼睑），能够帮助它在睡觉时遮蔽其醒目的红眼睛。这层半透明的眼睑还能使它在睡眠时对危险保持警觉。

红眼树蛙的斑纹瞬膜

瞳孔的形状

瞳孔是光线进入眼睛的门户，它们的形状很多，各种形状的瞳孔都对其"主人"有特殊用处。在动物王国中，在地面上方较高区域活动的捕食动物，往往拥有圆形的瞳孔。而有垂直裂瞳（如狐狸和家猫的瞳孔）的则大多属于更贴近地面的伏击型捕食动物，它们垂直的瞳孔裂隙可以变宽，以便让更多的光线进入，这对在光线较暗的环境中捕食非常重要。

此外，在被捕食动物中，水平瞳孔则比较常见，例如山羊和马。人们认为宽阔的瞳孔对色觉十分重要，且可略微改善沿视平线方向的视敏度。

垂直串珠状瞳孔常见于壁虎的眼中。在明亮的光线下，这些瞳孔能够收窄，变成带有许多小孔的垂直裂隙。与许多具有垂直裂瞳的动物一样，壁虎能够在不同光线条件下的不同环境中捕食。

正如读者在第 33 页所见，墨鱼拥有 W 形瞳孔。W 的形状使光线能够从多个方向进入眼睛，如果光线暗，它们的瞳孔就会变成圆形，而在明亮的光线下则恢复成 W 形状。

瞳孔的类型，从右上至左下：非洲牛蛙、墨鱼、家猫和大壁虎的瞳孔。

得克萨斯盲螈

大多数蝾螈都有全色视觉，但濒临灭绝的得克萨斯盲螈除外。它们生活在没有光亮的水下洞穴之中，由于终生都生活在完全黑暗的环境下，因此眼睛不再具有视觉能力而退化为皮层下的两个小点。这种动物在其生活的静止水域中通过感知极其微弱的水压变化进行捕食。

其他蝾螈物种，譬如这只虎蝾螈，具有明显的、发育良好的眼睛。

鸟纲

视觉系统是鸟类最重要的感觉系统。相对于自己的头部尺寸，鸟类的眼球是很大的。例如，鹰和猫头鹰的眼睛与人的眼睛大小相当（甚至更大），而鸵鸟的眼睛是人类眼睛的两倍大。至于体型较小的鸟，它们的眼睛甚至与其大脑一般大。大眼睛意味着好视觉，它是鸟类飞行、捕捉快速运动中的猎物等活动所必须的。

由于鸟类眼中的视锥细胞数量多于视杆细胞，且拥有 4 种光感受器，因此大多数鸟类还具备极佳的色觉。夜间活动的鸟类所拥有的视杆细胞光感受器要多于视锥细胞光感受器，因此，它们夜间的视力更佳。例如，猫头鹰的视杆细胞比视锥细胞多 30 倍。比较起来，人类的视杆细胞比视锥细胞仅多 22 倍。与大多数拥有四色视觉的鸟类不同，猫头鹰在白天可能只有三色视觉。

这只锦带翠鸟用出众的视觉为自己捕获了鱼肉大餐。它能够在俯冲入水之前就准确定位水中的猎物。

秃鹰

拥有"鹰眼"意味着具备极强的视觉或观察能力，以此方式来谈论鹰可谓毫不夸张。秃鹰的眼睛出类拔萃，占据其头盖骨的一半。它们所看方向略微向内，这就是说，鹰对其视野的中心位置具有出色的深度知觉和显著的放大倍率。鹰之所以拥有一流的视力，关键在于其视锥细胞光感受器的数量。人类有一个带视锥细胞光感受器的视网膜中央凹，而鹰则有两个，且里面有更多的视锥细胞，可带来超级清晰的视觉和完美生动的色觉。普通人的视觉为6/6，即一个人可以站在6米以外看清一个物体；鹰的视觉为6/1.5，也就是说，它能够在6米开外看清楚一个人只有在1.5米处才能看清的物体。鹰甚至能够发现3.4千米外一只在草丛中奔跑的田鼠。它们的眼睛唯一做不到的事，就是在低光环境下看清物体。它们是严格意义上的昼行性*动物（在白天活动）。

仓鸮

鸮形目鸟类拥有一双大眼睛和一流视觉，尤其是在低光环境下。例如，人们认为仓鸮视觉的光敏感度是人类的两倍。仓鸮的眼球更像是管状，它拥有一个很大的角膜和一个很大的视网膜，以便收集大量光线并使夜间视觉最大化。它们的双眼视觉能够辨别猎物的大小和距离远近，此外，仓鸮还会利用其一流的听力。仓鸮的耳朵不对称地长在头部，也就是说其双耳的位置一高一低，这样的布局有助于它精准定位即便是极度轻微的声音，如雪地下面一只老鼠发出的声音。仓鸮内凹的面盘脸形还能起到雷达天线的作用，可以将声音引入两只耳朵。

仓鸮的眼睛不能在眼眶内转动，因而它们逐渐进化出一种特殊的能力：它们的脖子可以转动四分之三圈，而且这样做既不会损伤血管，也不会阻断向大脑的供血。

鸵鸟

鸵鸟身高近 2.7 米，体重达 129 千克，是世界上最大的鸟类。它们不能飞，但奔跑的速度极快。鸵鸟还长有所有陆地动物最大的眼睛，眼睛比自己的大脑还大！巨大的眼睛给鸵鸟提供了出色的视力，帮助它在很远的地方就能发现像狮子一类的捕食动物。一旦感觉到危险，鸵鸟能快速奔跑，其瞬间爆发时速度高达每小时 70 千米。长长的眼睫毛和第三眼睑，能够保护它的眼睛免受非洲热带稀树大草原上风沙的伤害。

睁着一只眼睡觉

鸟类已经进化出一种有用的睡眠技能——睡觉时睁着一只眼睛，并且保持半边大脑清醒。这种适应性技能被称作"放哨"（peeking），它使鸟类在进行休息时，也能留意捕食者或其他威胁。鸟类能够控制自己的睡眠方式：既可以保持半边大脑清醒，也可以让两边大脑都处于休眠状态，这取决于它们身在何处。海豚、海豹、海牛以及其他动物也有类似能力。

鱼纲

鱼类在地球上的生存时间已超过 4.5 亿年，今天它们生活在各种水生环境之中。除个别例外的情况，鱼眼与人眼有许多相似之处。鱼眼与人类眼睛的内部构造不同的是，其晶状体的形状像一个球体，多数鱼的虹膜和晶状体在聚焦时不改变其形状。相反，为了聚焦，鱼类能够将晶状体向视网膜方向推进或拉远。大多数鱼类能看见各种颜色，有些还能看见紫外线。

与陆地上相比，水中的光线和能见度情况差异很大。水吸收光线，因此一个人在水中下潜得越深，他能够看见的光量值就越小。其他一些因素，如泥沙、水流以及水中的某种化学物质等，都会影响水中的能见度。为应对不同环境，鱼类已经进化出令人惊奇的视觉功能适应性变化（visual adaptations）。出于捕猎、伪装和交流的需要，许多海洋生物自身还能发光——一种被称作"生物发光*"的本领。

川鲽

川鲽是比目鱼的一种，它们在出生时与其他幼鱼别无二致，但当它们生长发育成熟时，身体就会变平，一只眼睛逐渐转移到身体的另一侧。这样一来，它的两只眼睛就一同出现在已变为鱼身表面向上的一侧。在色素细胞的帮助下，川鲽很容易与海底融为一体。色素细胞是含有生物色素的细胞，可依据海床沙质的颜色或式样扩散或收缩色素。川鲽一对凸起的眼睛长在短短的肉茎（short stalks）上，每只都可以独立转动，这既能让它们留心观察下一顿美餐，也能使它们停止不动，从而避免成为其他捕食者的美味。

四眼鱼

这种长相古怪的鱼并非长有四只眼睛。实际上,它只有两只球状眼,每只眼都一部分位于水面以上而另一部分在水面以下,这样它就能同时观察水上和水下的情况。眼睛的这两部分被一层薄薄的组织隔开,且每一部分都有一个角膜、瞳孔和视网膜。四眼鱼生活在靠近中美洲和南美洲北部的微咸水域(含有少量盐分的水域),常在水位线以上游动,可以同时在水下和水上掠食。它构造独特的眼睛还能够帮助它更有效地提防捕食者。

你是否曾经想过，你的宠物金鱼从它的水族箱里能看到什么？金鱼长着带有球形晶状体的大型暗箱型眼，它们通过移动晶状体，使其靠近或远离视网膜而实现聚焦。金鱼有四色视觉，眼中有红、绿、蓝和紫外线光感受细胞。它们最远还可以看清鱼缸以外大约4.5米以内的物体。除目光敏锐外，金鱼还有出色的嗅觉、极佳的听力以及其他在黑暗中游动时可依赖的感觉器官。与人类一样，金鱼需要睡眠，因此晚上关掉鱼缸内的灯是个不错的主意。

锤头鲨（双髻鲨）

有些种类锤头鲨的"锤头"，长度几乎可以达到其体长的一半。锤头鲨的眼睛位于其头部的两端，略微前倾。在许多人看来，由于锤头鲨的两只眼睛相距甚远，因而不会拥有双目视觉，从而导致其深度知觉不佳。事实上，锤头鲨甚至不用移动头部，就能获得有效的双目视觉。而且随着头部变宽，它们双目视觉的程度也会随之提高。

所有鲨鱼的眼睛，都有一个重要的组成部分：反光膜*。它是视网膜后面的一层反射组织，可将光线反射回来再次穿过视网膜，以此增加光感受器可感受到的光线，从而帮助鲨鱼在低光条件下观察物体。猫、海豹、北美驯鹿和浣熊等许多脊椎动物的眼睛也有这种特殊的构造。

灯笼鱼

灯笼鱼在黑暗中度过一生，夜间靠近海面觅食，白天则待在海洋的中层带（位于海平面以下 200～1000 米的海域）。为了适应其所处的黑暗环境，灯笼鱼长有带着一层反光膜的大眼睛和一个被称作无晶状体裂隙（aphakic gap）的组织。无晶状体裂隙是虹膜与晶状体之间瞳孔上的一个缺口，它能使眼睛从这里捕捉更多光线。

与其他许多海洋生物一样，灯笼鱼自己也能发光（生物发光），灯笼鱼能够利用它发现猎物、迷惑捕食动物、伪装自身并与同伴沟通联系。灯笼鱼利用被称作发光器的特殊器官发光，沿其头部和身体各处都能找到这种发光器。它们可以利用沿腹部排列的发光器，让它们的体型轮廓从下方看不那么显眼，从而帮助它们躲避捕食动物。

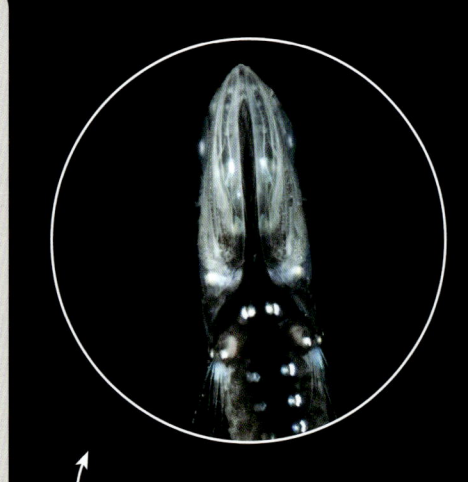

灯笼鱼腹部的发光器能将它们伪装起来，从而骗过下方的捕食动物。

弹涂鱼

　　弹涂鱼是一种两栖鱼类，既能在水中生活，也能出水活动。弹涂鱼常见于亚洲和非洲的温带、亚热带以及热带滩涂中。由于拥有可以沿泥沼移动的强壮胸鳍，能够呼吸空气的皮肤（只要处于湿润状态），以及长在头顶用来搜索周围环境的一双类似蛙眼的球形眼（bulbous eyes），所以它们的身体非常适应在陆地上生活。它们的双眼中的每一只都能单独活动，且拥有接近全环形（360°）的视野。弹涂鱼眨眼时，可将眼睛缩进头内进行清洁和湿润。

哺乳纲

尽管所有哺乳动物都有大致相同的暗箱型眼,但它们之间却千差万别。例如,夜间活动的哺乳动物会有一双大眼睛,其视杆细胞多于视锥细胞、颜色光感受器相对较少,因为在黑暗环境中看清物体比辨别多种颜色更重要。一些哺乳动物拥有瞬膜或长睫毛等,可在其栖息地严酷的环境中用来保护它们的眼睛。一些哺乳动物甚至能看见紫外线,以寻找食物并感知周围是否存在捕食动物。

吼猴有三色视觉,这意味着它们像人类一样有3种颜色光感受器。尽管大多数原产于美洲大陆的猴子仅有一些个体具有三色视觉,但所有种类的吼猴都拥有三色视觉。

驯鹿可以用紫外线视觉发现狼。

北美驯鹿

北美驯鹿在欧洲被称作驯鹿，它们生活在北美洲、俄罗斯和斯堪的纳维亚的北部地区。它们的眼睛特别适应在这些严酷的环境中生存，最令人惊奇的适应性功能是驯鹿能够看见紫外线。冬季，北美驯鹿被大雪包围，而白雪反射紫外线。紫外线是人类看不见的电磁波波段。所以，对人来说，即便是一匹白色毛皮的狼近在咫尺，但因一切看上去都是白色的，我们也无法察觉。由于狼的毛皮吸收紫外线，所以对一头驯鹿来说，在白雪反射出一片白茫茫的光线中，这匹白色的狼看上去更像是一匹黑色的狼。如果要避免成为狼的一顿晚餐，这种识别紫外线的能力非常方便和实用。

北美驯鹿的紫外线视觉还能帮助它们寻找自己的晚餐。整个夏季，北美驯鹿以各种各样的植物和蘑菇为食，但是到了秋季和冬季，当食物不足时，它们改吃石蕊（又称驯鹿苔）。这种生物看起来有点像苔藓，但实际上它是一种真菌和藻类之间共生关系（参见第25页）的产物。与狼的毛皮一样，石蕊吸收紫外线，所以北美驯鹿能毫不费力地在白雪覆盖的大地上发现它们。

家猫

在辨别色彩的丰富性和物体的清晰度方面，猫的视觉与人类不可同日而语，但它们也有许多优势，其中很多是与其野生的兄弟姐妹和未驯养的祖先所共有的。猫是晨昏性*动物（黎明和黄昏时活动），在它们的眼睛里，视杆细胞光感受器的数目众多，使得它们能轻易察觉运动目标，并可在昏暗的光线下看见物体。正是这个缘故，它们有超强的夜间视觉。猫的眼睛中还有一层反光膜，它是视网膜后的一层反射组织，能够增加视杆细胞光感受器可获得的光量值。人们还认为，猫具有比人类更为广阔的视野。

猫眼的一个显著特点是其醒目的垂直裂瞳，它可以快速改变大小（回想一下，猫受到惊吓时眼睛几乎变成黑色的情形）。猫眼的瞳孔柔韧性很强，瞳孔内距最宽时的面积是最窄时的135倍。

反光膜反射光线，从而产生眼耀效果。

家犬

　　犬类有二色视觉，意味着它们只有两种颜色光感受器——黄色和蓝色。它们比人类能够看见的颜色要少，但它们的视力优势以其他方式体现。犬类有极好的夜间视觉，这得益于它们眼睛中的大量视杆细胞光感受器和反光膜。反光膜能够增加光感受器可获得的光量值，这在黑暗的环境中尤为有用。尽管犬类的视敏度不佳，但它们还是擅长察觉运动目标，并且具有宽广的视野。研究人员发现，犬类有6/23的视觉，即一只犬在6米处所能看到的物体，一个视力正常的人在23米远的地方才能看到。而且，犬类在视敏度上的欠缺可以从其敏锐的嗅觉上得到超额补偿，它们的嗅觉要比人类灵敏很多倍。

长颈鹿

长颈鹿站立时高达5.8米，在观察草原和开阔的林地家园时具有很大的优势。它们的一双眼睛也是为此目的而设计的。它们具有水平瞳孔的外凸双眼位于头部两侧，能提供其所在环境接近全环形（360°）的视野。它们的眼睛很大且视敏度极高，非常适合发现刚冒出地平线的狮子或关注其长颈鹿同伴的一举一动。附近的动物也会跟随突然逃离的长颈鹿四散而去，这是捕食动物就在附近的危险信号。长颈鹿密致排列的多道长睫毛，可以有效阻止栖息地上飞沙和尘土的侵扰。

河马

河马是水陆两栖哺乳动物。河马大部分时间都在水中享受阳光，它的眼睛、鼻子和耳朵都长在头部上方，这可以让它按自己的方式行事。它的皮肤会排出一种被称为红汗的红色物质，可以保护自身免于灼伤并保持皮肤湿润。当一头河马完全潜入水中时，一层半透明的瞬膜可以在黑暗的河流和湖泊中保护它的眼睛，阻止细菌和其他物体的侵害——可以把这种瞬膜看作河马的护目镜。

马

马的眼睛是所有陆地哺乳动物中最大的，比人类的眼睛约大8倍。与其他被捕食动物一样，马的眼睛长在头部的两侧，可以给它一个宽阔的视野。然而需要注意的是，马在身体正后方有一个盲点，这也正是当它们受到来自身体后方的惊吓时经常尥蹶子的原因。

马有二色视觉，具有蓝、黄两种颜色光感受器和高比例视杆细胞，即使在天黑的时候，它们也能够提供强大的夜间视觉，并具有发现运动物体的能力。马还拥有提升夜间视觉能力的反光膜。

座头鲸

座头鲸平均体长为14～17米，但它们眼睛的大小却和一头母牛基本相当。与人类的视觉相比，鲸鱼的视觉没那么敏锐，也辨别不了丰富多样的色彩。座头鲸和其他须（无牙）鲸都是色盲，且只有视杆细胞光感受器，这在光线昏暗的条件下非常有效。它们拥有一个巨大的角膜和瞳孔，以便尽可能多地收集光线。它们还有一个反光膜，能将收集来的光线反射回光感受器。

尽管座头鲸的视力可能模糊不清而且还是单色的，但这丝毫不影响它们畅游大洋，捕获最喜爱的食物——小鱼和磷虾。

狮子

　　狮子具有极佳的视觉。在黑暗的环境中,其视觉比人类的视觉好6~8倍。狮子主要在夜间捕猎,这得益于其数量巨大的视杆细胞光感受器和反光膜。此外,狮子每只眼睛下方的白色条纹还能帮助将更多光线反射进它的眼睛。猎豹、美洲豹和老虎也有这种白色条纹。黄昏至黎明是狮子最活跃的时间段,而白天大部分时间它们都在睡觉或休息。

北极熊

　　人类对北极熊的视觉，特别是关于它的视敏度所知寥寥，但一些科学家认为，北极熊的视觉大体与人类的视觉相当。它们拥有瞬膜，游泳时可当作护目镜，并能保护眼睛免受雪面反射的太阳紫外线的伤害。与所有种类的熊一样，它们也有反光膜，这样就能充分利用可获得的一切光线——这在黑暗的北极冬季是一个优势。作为捕食动物，熊的眼睛朝向前方，所以它们既有很好的双目视觉，也有不错的周边视觉（peripheral vision，直视前方时所看见周边事物的能力）。然而，熊通常更依赖其灵敏的嗅觉。人们认为，熊的嗅觉是地球上最出色的嗅觉之一。

树懒

树懒原产于中南美洲热带森林。尽管看起来有点像灵长类动物，但它们与食蚁动物的关系更为密切。树懒的眼睛没有视锥光感受细胞，这意味着它们的眼睛对颜色没有感觉。它们的眼睛更适应夜间视觉（某类树懒完全在夜间活动）。不过，总的来说，树懒的视力很差，它们主要依靠嗅觉。树懒的颈部有额外的椎骨（组成脊柱的小骨头），使得一些种类的树懒几乎能像猫头鹰一样可将头转动3/4周，这给了它们一个发现潜在捕食动物的有利条件。当然，鉴于其天下闻名的缓慢动作，它们所能做的，最多就是一动不动地隐身树中。

眼镜猴

眼镜猴是发现于东南亚森林中个头微小的食肉类灵长目动物。与其头部尺寸相比，眼镜猴的眼睛在哺乳动物中是最大的。如果人类的眼睛与头部的比例与眼镜猴的相同的话，那么人类的眼睛将有葡萄柚那么大。每只眼镜猴的眼睛都与其大脑的体积相差无几，之所以如此是有充分理由的。作为在黑暗处猎食昆虫和蜥蜴的动物，眼镜猴需要一双尽可能多地获取光线的大眼睛。与其他很多夜行和晨昏性哺乳动物不同，眼镜猴的眼睛没有反光膜。它们不能转动自己的大眼睛，但有非常灵活的脖子，可以转动头部近一周。

爬行纲

人类已知的爬行动物超过1.1万种。与本书中其他种类动物一样，爬行动物具有多种眼部特征，特别是具有不同的瞳孔形状。某些爬行动物有4种视锥细胞光感受器，有些还可以用专门感觉器官感知红外辐射。很多蜥蜴、蛇和其他爬行动物还可以用舌头去"看"：它们先将舌头快速伸出，然后再吸入嘴中以感知带入的气味。这给爬行动物用眼睛所观察到的事物增添了更多细节。

鳄鱼

鳄鱼经常出没于靠近水域边缘的地方，等待着在附近徘徊、毫无戒心的猎物。正因为此，它们的眼睛完美地长在头顶之上，使其身体的大部分可以保持在水面以下。鳄鱼有广阔的视野和一个特殊的视网膜中央凹。视网膜中央凹是视网膜上的一个小浅坑，里面的视锥细胞光感受器集中度很高。人类也有一个视网膜中央凹，而一些像鹰和隼这样的鸟类则有两个视网膜中央凹，这可以增加其视敏度。鳄鱼的视网膜中央凹不是环形小坑，其形状像是一条穿过整个视网膜的长沟，可以使它不用转动头部就能扫视岸边的猎物。当鳄鱼需要在水下游泳时，它有一层保护眼睛的瞬膜，不过这个瞬膜会限制它的视觉。鳄鱼具有可以变宽的垂直裂瞳和可获得光线最大化的反光膜，因此其夜间视觉也极为出色。

鳄鱼游泳时，瞬膜可以保护它的眼睛。

美洲鬣蜥

美洲鬣蜥是大型树栖蜥蜴，生活在从墨西哥向南至巴西南部以及一些加勒比海的岛屿上。美洲鬣蜥色觉极佳，并且能够发现远处运动的物体，但最著名的还是其第3只眼。它的第3只眼也被称作松果眼或顶眼，但严格来说这并不是一只眼睛，而是长在头顶上的一个光敏点，看上去像一块灰白色的鳞片。尽管它既识别不出颜色也看不清楚形状，但却能够区分光亮和黑暗的差别，使得它在提防猛禽等头顶上方的捕食动物时能派上大用场。很多其他爬行动物、蛙类和某些鱼类长有的松果眼还能发出黑夜与白昼更替的信号。一些科学家认为，这个小点也是一个能根据太阳轨迹校准自身方位的指南针。

松果眼（顶眼）

角蜥

从墨西哥到加拿大，整个北美洲西部都能发现角蜥。它们有许多对付捕食动物的防御措施，如出色的伪装以及能将身体膨胀成像一只气球的本领，但它们的最后一道防线却构筑在眼中。角蜥一旦受到大型动物的威胁，就会将眼中的血压升高到血管的破裂点。此时，鲜血便会从它的眼中喷射而出，直冲毫无防备的捕食者。角蜥甚至还能控制血流的时长和方向。

黑豹变色龙

　　变色龙的一双眼睛或许是其最显著的特征，它依靠视觉发现捕食者并为自己找到下一顿美餐。变色龙鳞片覆盖的圆锥型眼皮，为其令人惊奇的双眼提供保护。它的每只眼睛都可以独立转动并聚焦，这使它可以同时在多个方向上扫视周围环境。黑豹变色龙的眼睛有一个凸面角膜和一个凹面*晶状体，这为它提供了极佳的视敏度和放大率。它一旦发现美味的昆虫，便将一双眼睛聚焦到目标上，然后以迅雷不及掩耳之势将黏力十足、富有弹性的舌头精准射出。

响尾蛇

尽管响尾蛇的眼睛既有视杆细胞也有视锥细胞光感受器，但它们却特别适应在夜间捕猎。响尾蛇——连同其他的蝰蛇、蟒蛇和巨蟒——都具有在暗处"看"物体的"利器"。这些爬行动物在其眼睛和鼻孔之间的脸部两侧各有一个洞，里面含有红外探测器官。不要忘了，红外辐射是电磁波谱的一个波段。尽管人类看不见它（除非使用专用工具），但仍能感觉到它的热度。响尾蛇能够在 1 米以外感觉到温血猎物散发出的红外线，并且能够协同使用自己的传感器和夜间视觉，以帮助它们准确判断目标猎物的方向和距离。

此处是蛇的红外探测器官。

海龟

海龟一生大部分时间都在地球的海洋中游动，所以它们需要一双能够适应在水下看物体的眼睛。与人类眼睛的角膜不同，海龟的角膜是平的，晶状体是近乎完美的圆形。离开水，人类依靠带弧度的角膜来折射进入眼球的大部分光线；然而在水下，因为人类角膜改变光线方向的能力（折射率）与水大致相当，因此它们只能使光线略微改变方向。然而，海龟及鱼类和鲸鱼等海洋动物则依靠一对圆形晶状体折射光线，角膜的作用更像是一层眼睛的保护罩。海龟既有视杆细胞也有视锥细胞，在明亮的光线下可以看得很清楚。那么，它们如何在更深（且更黑暗）的深海或深夜里捕猎？研究人员认为，它们能够探测生物发光，相当大一部分海洋生物自身都可以发光。

词汇表

凹面（Concave）：一个向内弯曲的表面，如碗的内侧面。

被捕食动物（Prey）：被其他动物当作食物猎杀的动物。

捕食动物（Predator）：猎杀其他动物作为食物的动物。

晨昏性（Crepuscular）：在黎明和黄昏活动最活跃的（动物）。

单色视觉（Monochromatic）：有一种光感受器，只能分辨黑色、白色和灰色的明暗程度。

单眼（Simple eye）：只有一个晶状体、一个视网膜和一层遮挡其余光线并支撑眼睛结构的外种皮。很多昆虫和其他像蜘蛛一样的节肢动物将单眼既作为其初级视觉系统，又作为其次级视觉系统。

电磁波谱（Electromagnetic spectrum）：一种表示电磁辐射（包括可见光）类型及范围的方式。参见第14页电磁波谱图。

二色视觉（Dichromatic）：有两种颜色光感受器，每种光感受器对一种特定颜色敏感。

反光膜（Tapetum lucidum）：位于视网膜后的一层组织，它将光线通过视网膜反射回来，从而增加光感受器可获得的光线。

反射（Reflection）：当光线没有被一个表面吸收并从其上反弹回来时发生的现象。人们看到的颜色是反射进人类眼睛中可见光的部分波段，而可见光的其他波段则全部被该物体所吸收。例如，当我们看一片绿叶时，除绿色光线外的所有其他可见光均被这片叶子所吸收，这片叶子将绿色光线反射进我们的眼睛，所以绿色就是我们所看见的颜色。（参见吸收）

复眼（Compound eye）：由许多被称作小眼的独立视觉结构组成，常见于昆虫纲和甲壳纲动物的眼睛。所有小眼都与动物的大脑相连，大脑负责合成图像。（参见小眼）

感觉器官（Sense organ）：生物体内一个对外部刺激（如光、气味、声音或者触觉）做出反应并将信号传送到大脑的器官。这些信号能使动物推断周围的环境并对之做出反应。感觉器官包括眼睛、鼻子、耳朵和舌头。

纲（Class）：生物分类中同一门下的一个重要动物群，它们外形相近且关系相当紧密，例如哺乳纲、鸟纲或爬行纲。

光感受器（Photoreceptor）：特殊的光敏感细胞，可将光波转变为通过神经系统抵达大脑的信号，再由大脑对这些信号进行破解。

脊椎动物（Vertebrate）：有一根脊柱（或脊椎）的动物。脊椎动物有7个重要纲：哺乳纲、圆口纲、软骨鱼纲、硬骨鱼纲、鸟纲、爬行纲和两栖纲。

节肢动物（Arthropod）：一组具有分节附肢、分段躯体和外甲（躯体外的支撑结构）的无脊椎动物种群。节肢动物包括昆虫、甲壳动物和蜘蛛等。

门（Phylum）：生物分类中拥有某些共同特征，并以此可与其他动物群区分开来的重要动物种群，如脊索动物门、节肢动物门或软体动物门。

三色视觉（Trichromatic）：有3种颜色光感受器，其中每一种对特定的颜色敏感。

深度知觉（Depth perception）：观察者判断其与某个物体之间距离以及两个物体之间相对位置的能力。

生物发光（Bioluminescence）：由深海鱼类、真菌或萤火虫等生物产生并发出的光，是生物体内化学反应的结果。

视敏度（Visual acuity）：视觉的清晰度或锐度。

视野（Visual field）：也称作视域（field of view）或视界（field of vision），是动物在不移动头部或眼睛的情况下能够看见的范围。

视域（Field of view）：参见视野（visual field）。

双目视觉（Binocular vision）：两只眼睛一同观看所见。动物长有一对前向眼睛会具有更好的双目视觉，因为在双眼共同看到的物体中，重叠部分更多。双目视觉对判断深度、距离以及将目光聚焦到物体上十分重要。

瞬膜（Nictitating membrane）：作为第三眼睑的一层透明或半透明膜，它保护并湿润眼睛。瞬膜通常从眼睛的内角伸展到外角。

四色视觉（Tetrachromatic）：有4种颜色光感受器，其中每一种对特定的颜色敏感。

凸面（Convex）：一个向外弯曲的表面，如球的外层面。

无脊椎动物（Invertebrate）：没有脊柱（或脊椎）的动物。已知动物物种的90%以上是无脊椎动物，包括海绵、水母、珊瑚、海胆、海星、章鱼、蜗牛、蛤蚌、蠕虫、螃蟹、蜘蛛和昆虫。

物种（Species）：一个具有共同特性且在其内部能够实现自我繁衍的动物种群。

吸收（Absorption）：当光线被一个表面捕获并转变为（其他形式的）能量时，就发生了光吸收。譬如，当我们看一个红色苹果时，眼睛所见颜色除红色光外，其他所有可见光均被苹果吸收，苹果将红色光反射回去，这就是我们所看见的颜色（参见反射）。

小眼（Ommatidium，复数形式 ommatidia）：构成昆虫或甲壳动物复眼的单独视觉结构。每个小眼都有一个角膜，其作用类似晶体和一个被称为晶锥的透明结构，晶锥将光线引导至光感受细胞上。小眼与动物的大脑相连，大脑负责合成图像。（参见复眼）

眼点（Ocellus，复数形式 ocelli）：对扁形虫、某些水母、蜗牛和海星等一些生物而言，眼点是其身体上平坦或凹面的光敏色素斑点，英文也称作"eyespot"。而对昆虫等生物体，眼点是见诸昆虫头部、二个或三个一组的单眼，它们用于感知光线和运动（参见单眼）。

夜行（Nocturnal）：在夜间活动最活跃的（动物）。

折射（Refraction）：当光线从一种透明介质（或物体，如空气）传播到另一种介质（例如眼睛的晶状体）而改变方向时，就发生了光线的折射。光线改变方向的原因是光线传播的介质改变了其传播的速度。人眼（以及其他很多动物的眼睛）利用折射将光线聚焦到视网膜上，从而产生视觉。

昼行性（Diurnal）：在白天活动最活跃的（动物）。

致谢

感谢莱昂内尔·科夫勒（Lionel Koffler）和我分享了他的想法，感谢朱莉·高崎（Julie Takasaki）的建议和无与伦比的编辑水平，感谢加雷思·林德（Gareth Lind）富有巧思的设计。我还要感谢我的家人和杰奎琳·霍普·雷纳（Jacqueline Hope Raynor）对我的支持。

我更要感谢的，是为本书全面核对事实的汤姆·克罗宁博士（Dr. Tom Cronin）、为本书提供插图的乔治·A. 沃克（George A.Walker）、提供立方水母的照片并对相应文字进行认真审核的简·别莱茨基（Jan Bielecki）、提供西印度群岛（加勒比海）绒毛石鳖眼睛微距照片的李玲（Ling Li）以及弗吉尼亚理工学院。

图片版权

封面和第 5 页

第一排（左到右）：

Shutterstock/fantom_rd, Shutterstock/Bruno Rodrigues B Silva, Shutterstock/SergeUWPhoto, Shutterstock/Protasov AN, Shutterstock/Osman Temizel。

第二排（左到右）：

Shutterstock/Attila Fodemesi, Shutterstock/Mike Workman, Shutterstock/walter8855, Shutterstock/Digital Images Studio, Shutterstock/schankz。

第三排（左到右）：

Shutterstock/Andriy Nekrasov, Shutterstock/worldswildlifewonders, Shutterstock/Cocos. Bounty, Shutterstock/EcoPrint, Shutterstock/reptiles4all。

第四排（左到右）：

Shutterstock/Photoestetica, Shutterstock/Antonio Martin, Shutterstock/WIBOON WIRATTHANAPHAN, Shutterstock/Alexia Khruscheva。

封底

上左：Shutterstock/Jim Koermer。

上中：Shutterstock/worldswildlifewonders。

上右：Shutterstock/Photoestetica。

下：Shutterstock/Amir A。

书内：

iStock/EzumeImages: 27。

iStock/Pinosub: 31。

Jan Bielecki: 32。

John Cancalosi/Alamy Stock Photo: 66（插图）。

Ling Li（弗吉尼亚理工学院）: 35。

Nature Picture Library/David Shale/Alamy Stock Photo: 50（插图）。

Nature Picture Library/SolvinZankl: 50。

Ryan Hagerty/USFWS: 41。

Shutterstock

Adventuring Dave: 54（插图）; Africa Studio: 14（上）; Agami Photo Agency: 25; Alexander Wong: 68; Alexia Khruscheva: 58; Amir A: 69; Andreas Beckmann: 21（下右）; Antonio Martin: 33（插图）, 40（中）; Arh-sib: 53; Attila Fodemesi: 21（下中）; Ben Thornley: 62; Bildagentur-Zoonar GmbH: 16（下）; Bruno Rodrigues B Silva: 55; Carlos Grillo:49; CJ Rose: 25（上左，插图）; Cocos. Bounty: 37（下中）; common human: 12（下右）; crbellette: 28（插图）; Dancestrokes: 24; Daniel Prudek: 25（下右插图）; Danita Delimont: 66; David Osborn（包括修改）: 53（插图）; D. Kucharski K. Kucharska: 12（上）; Don Mammoser: 37（上左）; DSlight_photography: 39（插图）; Dustin Rhoades: 17（下）; EcoPrint: 21（上右）; EWStock: 36; fantom_rd: 54; FotoSajewicz: 37（中左）; gallimaufry: 47; Gerald Robert Fischer: 21（上左）; Guillermo Guerao Serra: 8; Harry Collins Photography: 42; Henrik Larsson: 12（下左）; Jennifer McCallum: 44; Jim Koermer: 30; JMx Images: 64; Joanne Weston: 52; JolandaAalbers: 61; JoostAdriaanse: 13（上）; J.S. Lamy: 21（中左）; Kevin Lings: 56（插图）; Kuritafshen: 40（上）; Kwadrat: 37（下左）; LorraineHudgins: 23; LouieLea: 65（插图）; Lucian BOLCA: 65; Martin Prochazkacz: 37（上中）; Mike Workman: 17（上）; Milan Zygmunt: 45; Miroslav Hlavko: 18（上右）, 22; modoki77: 21（中右）; Nacho Mena: 40（下右）; NatalieJean: 34; Noradoa: 27（插图）; nwdph: 56; Osman Temizel: 21（下左）; Photoestetica: 63; Piotr Velixar: 35; Protasov AN: 21（上中）; RattiyaThongdumhyu: 21（中）; reptiles4all: 37（中右）, 41（插图）; Richard Whitcombe: 29; Rich Carey: 51; RLS Photo: 26; Rudmer-Zwerver: 45（插图）; schankz: 48; scooperdigital: 43; scubaluna: 46; Seahorse Photo in BKK: 15（上）; Sean Steininger: 59; Sebastian Janicki: 40（下左）; SergeUWPhoto: 37（上右）; SeymsBrugger: 60; shaftin-

73

action: 45（特写）; Simon Hehir: 28; StefanoVenturi75: 2-3; StepanArtemyev: 59（插图）; Susan M Jackson: 19（下）; taffpixture: 11（下）; TantoYensen: 67; Tobias Hauke: 38; Tomatito: 20; Tom Goaz: 33; Torres Garcia: 6; Vaclav Sebek: 67（插图）; ViacheslavLopatin: 18（上左）; Wayne Marinovich: 57; WIBOON WIRATTHANAPHAN: 37（下左）; wildestanimal: 64（插图）; worldswildlifewonders: 39; Yatra4289: 37（中）。

Wikimedia Commons/Toby Hudson（CC BY-SA 3.0）: 19（上）。

Yon Marsh Science/Alamy Stock Photo: 16（上）。